Günter Wahl: Waffentechnische Kuriositäten Band 2
1. Auflage 2007

Rudolf-Diesel-Straße 46, 74572 Blaufelden

ISBN 978-3-936632-53-8

Günter Wahl

Waffentechnische Kuriositäten

Band 2

Inhaltsverzeichnis

CIA-Deer-Waffe

Ähnlich wie die Liberator-Pistole im Zweiten Weltkrieg sollte die Deer-Pistole die Agentenwaffe des Vietnam-Krieges werden. Aber wie so viele behelfsmäßig hergestellte Waffen war auch die Deer-Pistole der CIA eine primitive einschüssige 9-mm-Pistole. Sie war für amerikanische Agenten als Notfallwaffe gedacht. Die Waffen wurden einfach per Fallschirm über den Einsatzorten abgeworfen. Am Konzept waren das Militär, CIA-Beamte und einige Waffenhersteller beteiligt.

Das Ziel war eine neue Version der im Zweiten Weltkrieg verwendeten FP45 Liberator, die für ähnliche Einsätze gedacht war. Aus denselben Gründen, aus denen 1946/47 Agentenausrüstungen aus dem Zweiten Weltkrieg zerstört wurden, sind auch die Liberator-Pistolen eingeschmolzen oder zu Nachkriegsschrott zerkleinert worden. Es blieben nur einige Sammlerstücke übrig, über die allerdings niemand einen Überblick hatte.

Erst in den frühen 60er-Jahren, als die verdeckten Operationen in Südostasien bereits eskalierten, kamen für die Beschaffung von Waffen verantwortliche CIA-Mitarbeiter mit dem Chefingenieur Moure der Spezialabteilung für Schusswaffen der American Machine & Foundry zusammen, um das Nachfolgemodell der Liberator zu planen.

Moure war eine Legende auf dem Gebiet der militärischen und paramilitärischen Feuerwaffen. Er entwickelte für dieses Unternehmen und „die Firma" den klassischen AMF-Suppressor für das Militär. Als sich die Waffenkäufer der CIA 1962 mit Moure trafen, gab es den Plan, eine leichte und billige Pistole in der Art der Liberator zu entwickeln. Das wichtigste Kriterium der Regierung war wieder, dass diese neue Waffe leicht bedienbar war und außerdem billig und schnell gebaut werden konnte. Die neue Pistole war für einheimische Guerillas und irreguläre Streitkräfte hinter den feindlichen Linien gedacht. Moures Konstruktion war eine primitive Pistole mit einem Gehäuse aus Aluminiumguss und einem 5-cm-Lauf, der zum Laden abgeschraubt werden musste, sowie einigen Kunststoffteilen. Alle Teile waren preisgünstig, sodass die Waffe nur 3,95 $ pro Stück kosten sollte. Diese Pistolen konnten außerdem nicht identifiziert werden. Alle Bestandteile der Waffen wurden von Quellen außerhalb der USA bezogen. Dies sollte der „operativen Verleugnung" dienen, so beschrieb die CIA ihre Versuche, den Ursprung der Waffen zu verbergen.

Jede Pistole war etwa 12,5 cm lang, 10,5 cm hoch und knapp 4 cm breit. Sie wog 340 g. Die Waffe besaß einen brünnierten Lauf und eine glänzende Griff-/Gehäuseeinheit. Der Griff war hohl, um darin Reservemunition und einen Auswurfstift aufzubewahren. Der Stift diente dazu, die leere Hülse aus dem abgeschraubten Lauf auszustoßen. Es war offenbar also gar nicht so einfach, diese einschüssige Waffe nachzuladen.

Die in **Abb. 1 und 2** gezeigte Deer-Waffe hatte kein festes Visier, sie wurde mittels eines Schlagbolzenknaufs und einer Abzugseinheit abgefeuert. Die einzige Sicherung war ein Kunststoffring, der über den Schlagbolzenknauf geschoben wurde und als ein Kragen wirkte, um zu verhindern, dass der Schlagbolzenknauf auf das Zündhütchen der Patrone trifft, falls der Abzug der Waffe unbeabsichtigt betätigt werden würde.

Jede Pistole wurde in einer schlichten weißen Polystyrolschachtel mit drei Schuss 9-mm-Munition ohne irgendeine Markierung geliefert. Die Schachtel enthielt außerdem ein Blatt mit einer vierfarbigen Bedienungsanleitung in Form von Cartoons ohne Text, durch die dem Nutzer klar und ausführlich dargelegt wurde, wie die Waffe zu benutzen war.

In dem Cartoon war ein allgemeiner Guerilla dargestellt, der mit der Deer-Waffe einen feindlichen Soldaten erschoss, welcher ein Armband mit Hammer und Sichel trug. Ironischweise war dieses Armband das einzige Identifikationszeichen, das an der Waffe, der Verpackung und in der Anleitung zu finden war.

Von den an die CIA ausgelieferten Waffen gingen nach übereinstimmenden Quellen etwa 150 für die praktische Erprobung nach Südostasien. Obwohl es keine offiziellen Aufzeichnungen gibt, dass irgendeine dieser Pistolen außerhalb der kontrollierten Erprobung bei irgendwelchen Kämpfen eingesetzt wurde, behauptet ein Offizier der US-Armee, dass er an einer Patrouille amerikanischer und vietnamesischer Spezialkräfte teilgenommen hat, bei der derartige Deer-Waffen mitgeführt wurden.

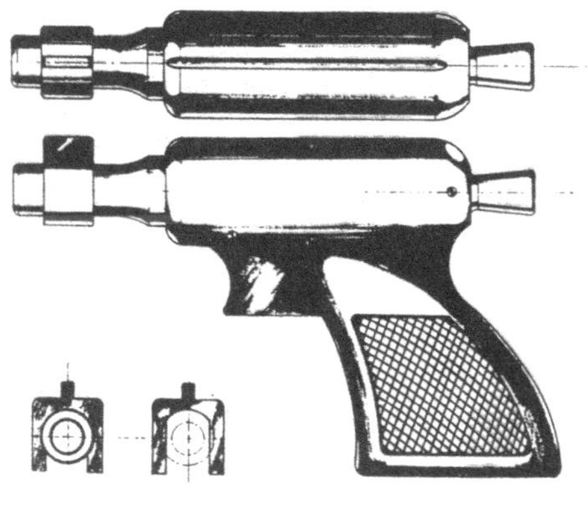

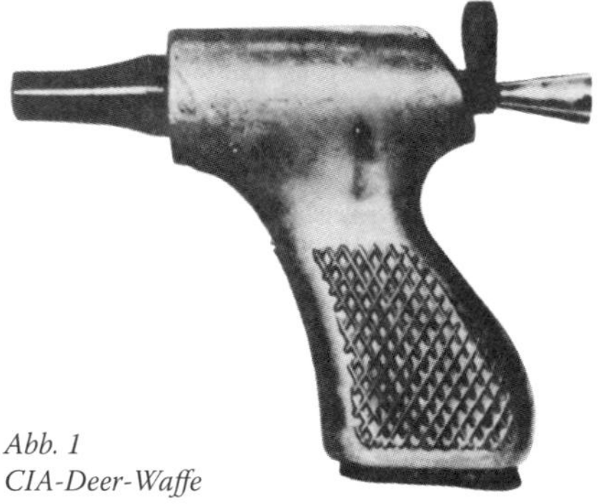

Abb. 1
CIA-Deer-Waffe

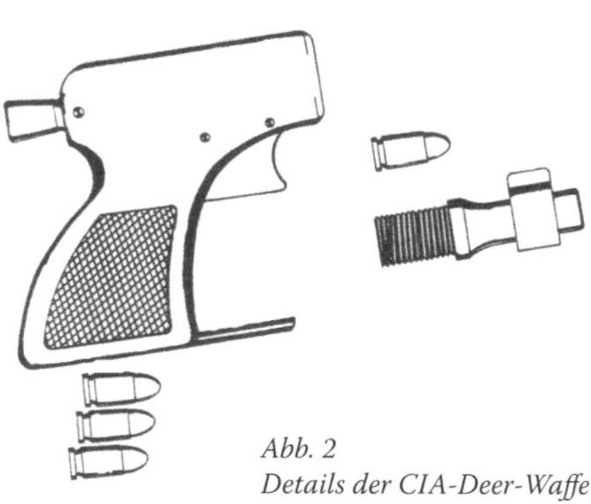

Abb. 2
Details der CIA-Deer-Waffe

Der Offizier berichtet: „Wir hatten einen erfolgreichen Hinterhalt gelegt und kehrten mit vier Gefangenen zurück, von denen drei verwundet waren. Der vierte war extrem aggressiv und leistete bei seiner Gefangennahme Widerstand. Aufgrund der Umgebung und weil die Gefahr einer feindlichen Reaktion sehr real war, entschied unser Vorgesetzter, den widerspenstigen Gefangenen zu töten. Zur gleichzeitigen ‚praktischen' Erprobung der Deer-Waffe wurde der Gefangene hingerichtet. Ein Schuss wurde aus etwa einem Meter Entfernung in das Genick des Mannes abgegeben. Er taumelte nach vorn und fiel. Er war auf der Stelle tot. Wir kehrten dann in unser Lager zurück."

Einige Militärexperten haben über den Ursprung des Namens der Deer-Waffe spekuliert. Don Walsh, ein alter Freund von Moure, glaubt, dass die Waffe nach einer Operation des militärischen Geheimdienstes OSS (Office of Strategic Services) im Zweiten Weltkrieg benannt ist, der geheimnisvollen Deer-Mission in Birma. Der Ursprung ihres Namens scheint so rätselhaft zu sein wie das Schicksal der Waffen selbst.

Von diesen ursprünglich 1.000 Waffen befinden sich angeblich bis heute noch etwa 20 bis 25 Stück im Umlauf. Die meisten wurden durch die Regierung auf direkte Anweisung des Weißen Hauses zerstört. Der Rest ist einfach verschwunden.

Schrotflinte als Booby-Trap (Sprengfalle)

Ein anonymer Telefonanruf alarmierte die Polizei in Südflorida über eine weggeworfene Schrotflinte, die der Anrufer in einer Mülltonne hinter einem Laden in einem Einkaufszentrum gesehen hatte. Der in Reaktion auf den Anruf am Fundort der Waffe eingesetzte Polizeibeamte öffnete den Lauf der Schrotflinte, um nach Patronen zu suchen. Als der Lauf geöffnet wurde, wurde mittels eines Drahtes ein Stromkreis geschlossen und eine Sprengladung zur Detonation gebracht. Der Polizist wurde auf der Stelle getötet, während sein Kollege verwundet wurde. In **Abb. 3** ist das Innenleben der Sprengfalle zu sehen.

Nachdem die Bruchstücke wieder zusammengesetzt worden waren, kamen die Ermittler zu dem Schluss, dass 180 g eines primitiven Sprengstoffs mittels Verbindungsdraht mit einer elektrischen Sprengkapsel, drei 1,5-Volt-Batterien, einem Lockenwickler aus Kunststoff und zwei Folienkontakten verbunden worden waren. Der gesamte Apparat war im Lauf der Schrotflinte untergebracht.

Der Captain des toten Beamten sagte: „Wer zum Teufel baut eine so abscheuliche Todesfalle wie diese?“ Er bekam bald Antwort: Es war ein besonders fieser südamerikanischer Drogendealer, der die örtliche Polizei terrorisieren wollte, um ihr klarzumachen, dass dies sein Revier ist und sich hier niemand sicher fühlen kann.

Abb. 3
Schrotflinte als Booby-Trap

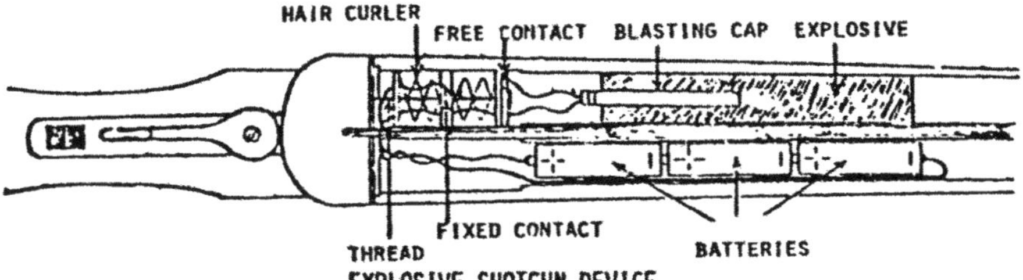

Luftpumpen-Waffe

Die in **Abb. 4** gezeigte Luftpumpe verfügt über eine zusätzliche Eigenschaft: Sie kann Munition unterschiedlicher Kaliber abfeuern. Luftpumpen erzeugen kaum Verdacht und sind leicht und billig herzustellen. Für nicht gezogene Läufe sind die Kaliber 12 und 20 sowie 9 mm und 0.38 sehr beliebt.

Die schießende Luftpumpe ist etwa 50 cm lang. Zur Zündung wird der Pumpenstab nach vorne gerammt. Dadurch trifft der Schlagbolzen auf den Patronenboden und löst den Schuss aus.

Ein beliebter Trick besteht noch darin, der Luftpumpe die Farbe des Fahrrads zu geben. Dies wirkt als weitere Tarnung, da der Anschein erweckt wird, dass die Luftpumpe ein vom Hersteller des Fahrrads vorgesehenes Zubehör ist.

Abb. 4
Luftpumpen-Waffe

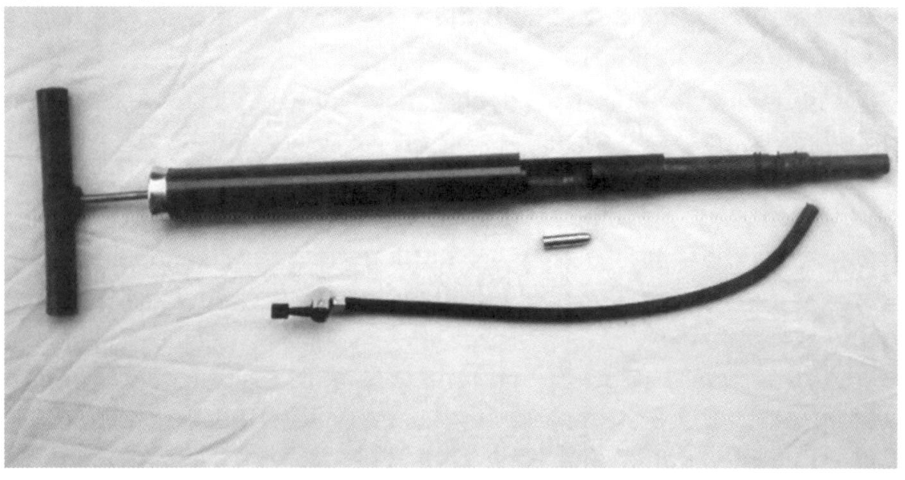

Maschinenbolzen-Waffe

Diese genial getarnte Waffe wurde in den 70er-Jahren erstmalig bei einem Mitglied einer Motorradgang sichergestellt. Sie wird in **Abb. 5** in zusammengebautem Zustand gezeigt. In **Abb. 6** ist sie in zerlegtem Zustand zu sehen. Rechts oben ist die zugehörige Schrotpatrone im Kaliber 0.41 abgebildet. Die Länge des Bolzens beträgt etwa 12.5 cm. Der Durchmesser liegt bei ca. 1.6 cm. Ein beliebtes Kaliber für diese Waffe ist auch 0.22.

Die Bolzenpistole wird zum Laden auseinandergeschraubt und dann für das Feuern wieder verschraubt. Um die Waffe abzufeuern, wird der federbelastete Bolzenkopf nach hinten gezogen und dann plötzlich losgelassen. Dies treibt den Zündstift in das Zündhütchen der Patrone und feuert den Schuss ab. Diese leicht zu verbergende Feuerwaffe ist auf kurze Entfernungen tödlich, sie besitzt eine maximale Reichweite von 4 bis 6 m.

Die Maschinenbolzen-Pistole kann bei einer Durchsuchung leicht übersehen werden. Sie kann noch besser versteckt werden, wenn sie in irgendeine Maschine eingebaut wird. Der Gangster, bei dem die erste derartige Waffe sichergestellt wurde, hatte sie in den Rahmen seines Motorrads geschraubt.

Wird der „Maschinenbolzen“ mit einem Öl- oder Schmutzfilm überzogen, ist die Tarnung perfekt.

Abb. 5
Maschinenbolzen-Waffe

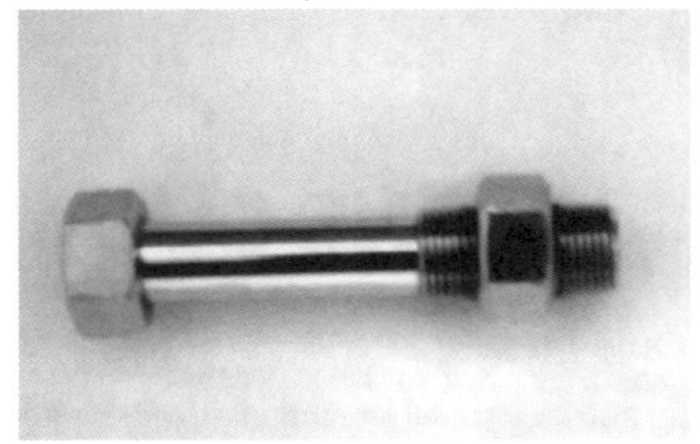

Abb. 6
Maschinenbolzen-Waffe in zerlegtem Zustand

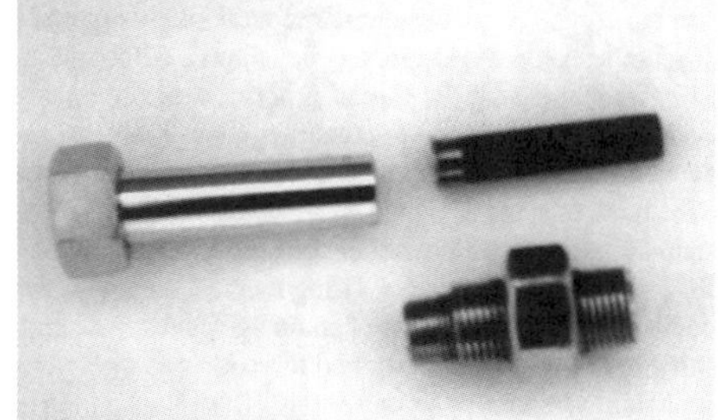

Zigarettenschachtel-Waffe

Der Ursprung der schießenden Zigarettenschachtel liegt angeblich beim KGB. Die in **Abb. 7** gezeigte Waffe ermöglicht es einem Agenten, sein Opfer direkt in den Kopf zu schießen, indem er ihm eine Zigarette anbietet. Die getarnte Schusswaffe besitzt zwei Läufe des Kalibers 0.22. Optisch ist die 007-Zigarettenschachtel von einer normalen Schachtel nicht zu unterscheiden.

Da Zigaretten etwas ganz Alltägliches sind, stellen sie zum Beispiel bei ausbruchbereiten Gefängnisinsassen eine besondere Gefahr dar. Durch eine einfache Gewichtsprobe kann jedoch leicht eine Unterscheidung getroffen werden. Trotzdem sollte das Sicherheitspersonal auf Flughäfen Zigarettenschachteln mit Aufmerksamkeit behandeln.

Abb. 7
Zigarettenschachtel-Waffe

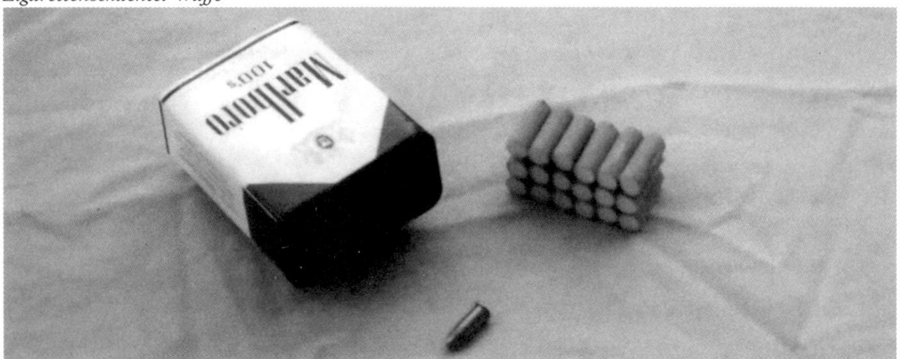

Taschenlampen-Waffe

Ein weiteres klassisches Beispiel einer clever verborgenen Waffe wird in **Abb. 8** und **Abb. 9** gezeigt. Es handelt sich um eine Taschenlampen-Schusswaffe. Das Beispiel-

Abb. 8
Taschenlampen-Waffe

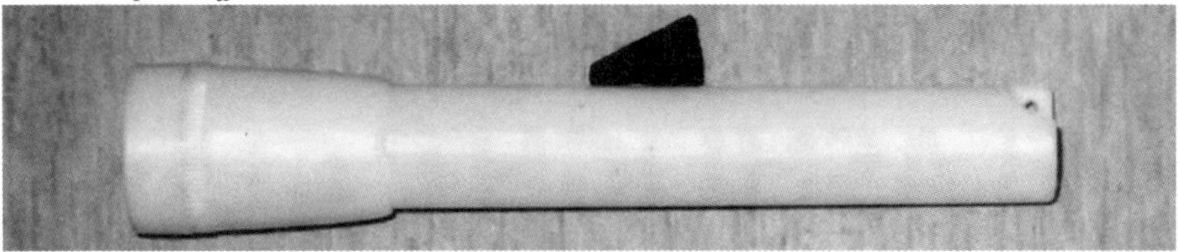

zeigt wieder, wie harmlos aussehende Alltagsgegenstände in gefährliche Waffen umgewandelt werden können. Wie in **Abb. 9** dargestellt, wird zum Laden der vordere Teil abgeschraubt. Die Kaliber variieren, am gebräuchlichsten sind aber Modelle mit den Kalibern 0.22, 0.25 und 0.38.

Das Gehäuse der Taschenlampe enthält sowohl den internen Feuermechanismus als auch die Batterien, um die Glühbirne zu speisen. Die Schusswaffe wird mit einem Schiebeknopf betätigt, dabei ist das Zielen ein Kinderspiel, da der Lichtstrahl den Auftreffpunkt der Kugel markiert wie eine Laserzieleinrichtung.

Sehr beliebt sind auch Taschenlampen-Pistolen der Mini-Maglite-Version. Der vordere Abschnitt wird abgeschraubt, um eine Kugel des Kalibers 0.22 aufzunehmen. Das etwa 10 cm lange Taschenlampengehäuse enthält einen Feuermechanismus mit Federspannung. Zum Schießen wird ein Spezialknopf nach hinten gezogen und losgelassen. Dies bewirkt das Abfeuern der Waffe. Infolge ihrer kleinen Abmessungen enthalten Minitaschenlampen-Pistolen meist keine Batterien.

Eine Taschenlampen-Pistole kann am Körper einer Person, innerhalb eines Werkzeugkastens, im Handschuhfach oder im Nachttisch verborgen sein. Da eine Taschenlampe von kaum jemandem als Waffe betrachtet wird, kann sie überall deponiert werden, ohne aufzufallen.

Abb. 9
Taschenlampen-Waffe in zerlegtem Zustand

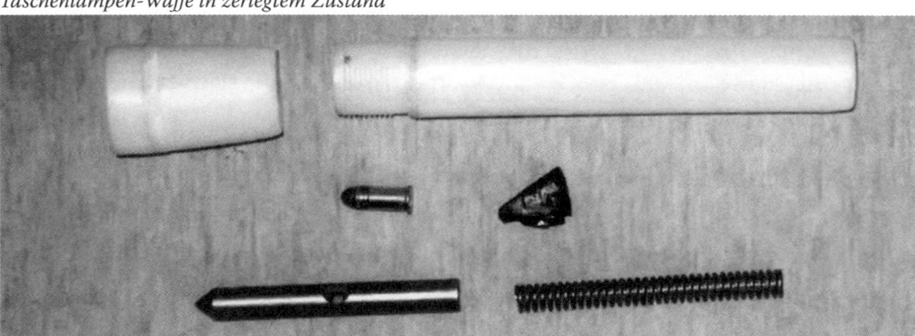

Schlüssel-Waffe

Auch eine Schlüssel-Waffe darf in der Reihe waffentechnischer Kuriositäten nicht fehlen. **Abb. 10** zeigt einen übergroßen schießenden Hausschlüssel, der eine echte Rarität darstellt und bei Sammlern sehr beliebt ist. Die praktische Bedeutung ist ihm längst abhanden gekommen.

Die vor Jahrhunderten hergestellten Schlüssel-Pistolen ähnelten in ihrer Funktion den alten Duell-Pistolen, deren Munition aus Schwarzpulver und Bleikugeln bestand.

Abb. 10
Schlüsselwaffe

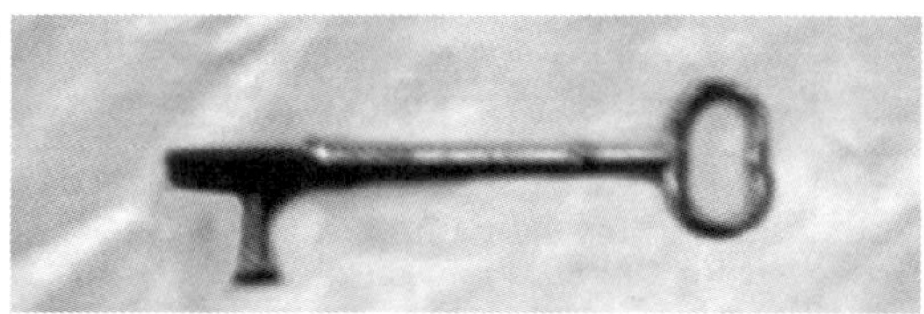

Lippenstift-Waffe

Liebesgrüße vom KGB sind in der Lippenstift-Pistole in **Abb. 11** versteckt. Da die Rote Armee in der Sowjetunion die Fähigkeiten der Frauen im Kampf niemals unterschätzte, wurden während des Zweiten Weltkriegs Tausende weibliche Soldaten eingesetzt. Später – in der Zeit des Kalten Krieges – setzte der KGB Frauen als Spione und Geheimagenten ein. Die clever als Lippenstift getarnte Waffe wurde am Körper getragen. Sie war leicht und nur etwa 7 bis 8 cm lang. Sie war klein genug, um auch in Körperhöhlen oder ins Schminktäschchen zu passen.

Ursprünglich war eine 4.5-mm-Patrone vorgesehen. Die heutige Lippenstift-Patrone arbeitet mit dem Kaliber 0.22 mm. Sie wird abgefeuert, indem ein gerändelter O-Ring gedreht wird. Gefährlich ist diese getarnte Waffe nur bis auf eine Entfernung von etwa 1 m. Das wesentliche Moment ist die Überraschung, falls zum Beispiel der Bitte einer Gefangenen entsprochen wird, sich „frisch machen" zu dürfen.

Abb. 11
Lippenstift-Waffe

Schieß-Kugelschreiber

In den **Abb. 12 bis 14** wird eine Reihe Schieß-Kugelschreiber gezeigt, welche die am häufigsten verwendeten und sichergestellten getarnten Feuerwaffen sind. Ursprünglich nur von Geheimdiensten verwendet, ist diese Waffe heute ein Standardprodukt von Hinterhofwaffenschmieden. Die einfachsten Waffen dieser Art können – einmal abgeschossen – nicht nachgeladen werden. Da es in dem kurzen Lauf keine Züge und Seriennummern gibt, lassen sich diese Waffen nur schwer zurückverfolgen. Dies führt zu einer großen Beliebtheit in der Halbwelt. Die meisten Schieß-Kugelschreiber besitzen eine Kammer für Patronen des Kalibers 0.22 oder 0.25. Es gibt jedoch auch Exemplare für das Kaliber 0.38. Es wurden sogar schon Kugelschreiber im Schrotflinten-Kaliber 0.410 sichergestellt. Waffen in diesem Kaliber ähneln dann eher einem dicken Markierstift als einem Kugelschreiber.

Die Funktionsweise ist ziemlich banal: Ein federgespannter Schlagbolzen wird nach hinten gezogen und wieder losgelassen. Diese Waffen geben nur ein scheinbares Gefühl der Sicherheit, da sie im entscheidenden Moment meist nicht zur Hand sind und wenn doch, der Schuss meist überall hingeht, nur nicht ins Ziel.

Abb. 13
Zwei Schießkugelschreiber mit unterschiedlicher Munition

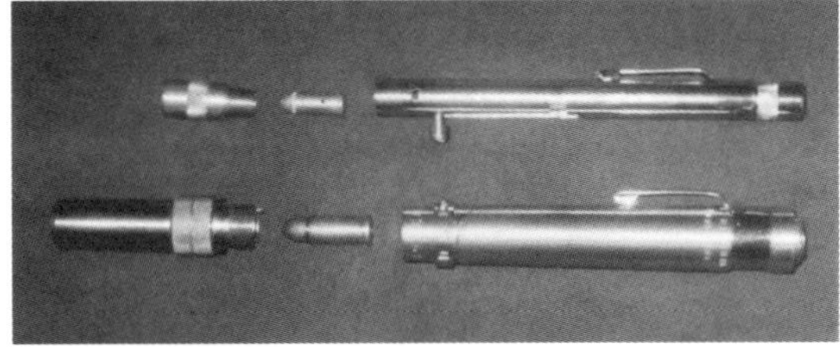

Abb. 14
Schießkugelschreiber mit Zigarrenbehälter

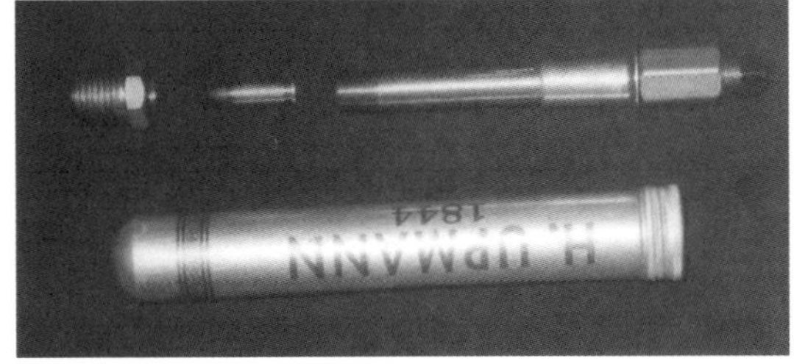

Abb. 12
Verschiedene Schieß-Kugelschreiber

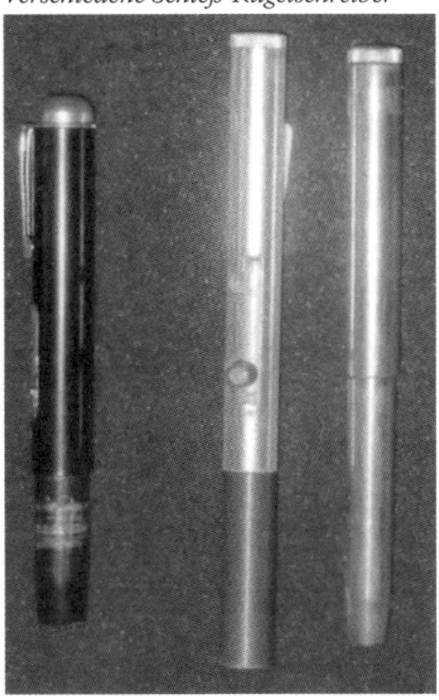

Tabakpfeifen-Waffe

Obwohl Tabakpfeifen etwas aus der Mode gekommen sind, erregen sie keinerlei Aufmerksamkeit und eignen sich deshalb als Tarnung für eine verborgene Waffe. Die schießende Tabakpfeife wird in **Abb. 15** gezeigt. Um die Waffe abzufeuern, hält der Schütze in der einen Hand den Pfeifenkopf und verdreht mit der anderen Hand das Mundstück. Nach dem Schuss ist die Waffe nicht mehr nachzuladen.

Es gibt auch nachladbare Modelle, bei denen vor dem Schuss das Mundstück entfernt werden muss.

Abb. 15
Tabakpfeifen-Waffe

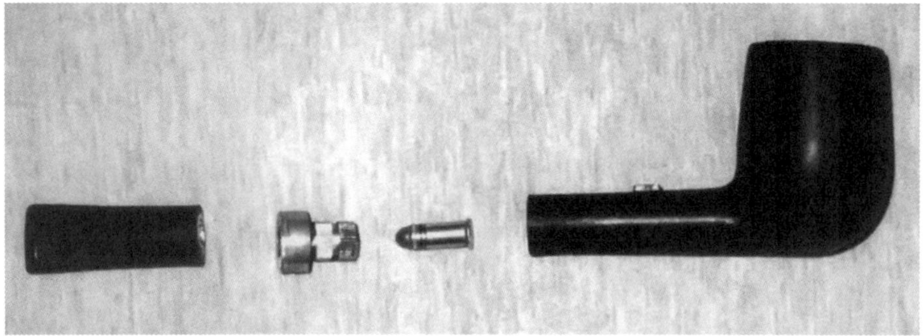

Schraubenzieher-Waffe

Die in **Abb. 16 und 17** gezeigte Waffe sieht wie ein gewöhnlicher Schraubenzieher aus. In Wirklichkeit ist er jedoch eine gefährliche Waffe im Kaliber 0.22.

Die raffinierte Konstruktion entspricht einem handelsüblichen Schraubenzieher, der einen abnehmbaren Stiel und austauschbare Bits besitzt. Die genaue Untersuchung enthüllt auf der Seite des Stiels einen kleinen Knopf, der dazu verwendet wird, die Waffe zu spannen. Das plötzliche Auslösen des federgespannten Mechanismus verursacht das Abfeuern einer Patrone. Diese Waffe ist etwa 20 cm lang und wiegt nur knapp 300 g; deshalb ist sie klein und leicht genug, um bequem am Körper getragen zu werden. Diese Waffen werden bei einer oberflächlichen Durchsuchung leicht übersehen.

Abb. 16
Schraubenzieher-Waffe

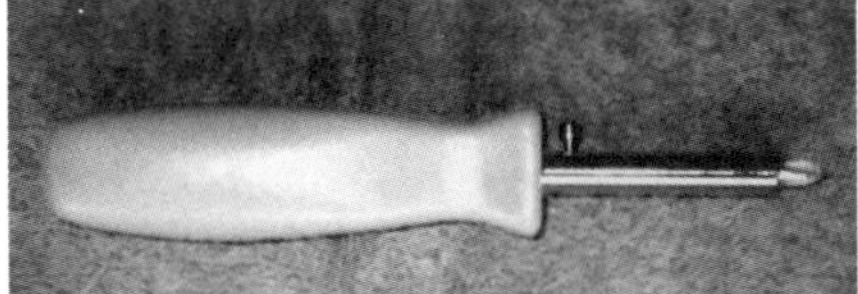

Abb. 17
Schraubenzieher-Waffe mit austauschbaren Bits

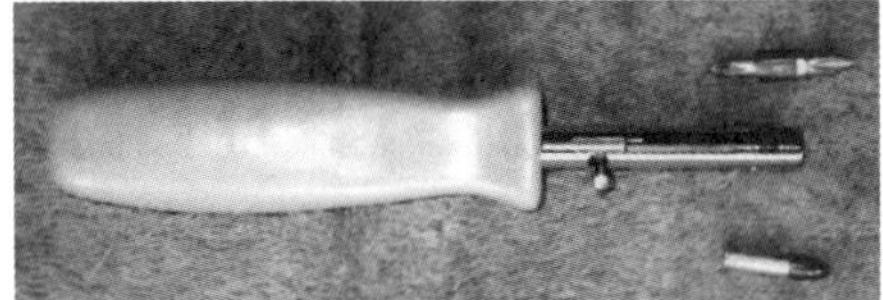

Reifendruckmesser-Waffe

Die Reifendruckmesser-Waffe in **Abb. 18** arbeitet ähnlich wie ein Schieß-Kugelschreiber mit einem federgespannten Schlagbolzen. Auf der linken Seite ist ein Messventil zur Messung des Reifenluftdrucks angebracht. Die Waffe ist vom normalen Reifendruckmesser kaum zu unterscheiden und arbeitet im Kaliber 0.22. Auch hier wird ein federgespannter Schlagbolzen zurückgezogen und wieder losgelassen. Die getarnte Waffe wird gerne im Handschuhfach oder im Werkzeugkasten mitgeführt.

Abb. 18
Reifendruckmesser-Waffe

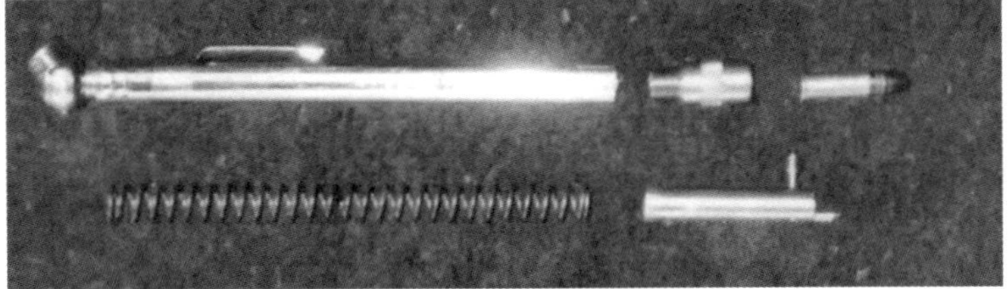

Regenschirm-Waffe

Der Regenschirm ist ein weiterer Alltagsgegenstand, der zur Tarnung einer Feuerwaffe benutzt werden kann. **Abb. 19 und 20** zeigen eine Regenschirm-Waffe. Historische französische Eigenbauten enthalten im Griff den Feuermechanismus. Diese unauffälligen Waffen werden meist mit Kaliber 0.38- und 0.45- sowie 0.41-Schrot ausgerüstet.

Interessanterweise verwendeten die Mitglieder einer US-Bürgerwehr in Minnesota bei einem gegen örtliche Regierungsbeamte gerichteten Mordkomplott Regenschirm-Waffen. Der Plan scheiterte jedoch. Mitglieder der Gruppe stellten aus Rizinussamen Ricin her, ein hoch toxisches Glykoprotein. (Keine Angst, dieses Gift ist im Rizinusöl nicht enthalten.) Die Täter schlossen dieses Gift in Wachspellets ein, die mit Regenschirm-Pistolen verschossen wurden.

Zwei in Kalifornien sichergestellte im Eigenbau hergestellte Exemplare wurden aus nicht zusammenschiebbaren Schirmen hergestellt. Einige dieser Regenschirm-Pistolen sind jedoch sehr kompakt und zusammenlegbar. Sie können leicht in einer Aktentasche oder im Handschuhfach verborgen werden. Der Abzug bzw. ein Spannknopf befindet sich bei diesen in einer Vielzahl von Farben verfügbaren Waffen an der Seite des Griffs. Dies ist normalerweise der einzige Hinweis darauf, dass dieser Schirm in Wirklichkeit eine tödliche Waffe ist.

Abb. 19
Regenschirm-Waffe

Abb. 20
Regenschirm-Waffe in zerlegtem Zustand

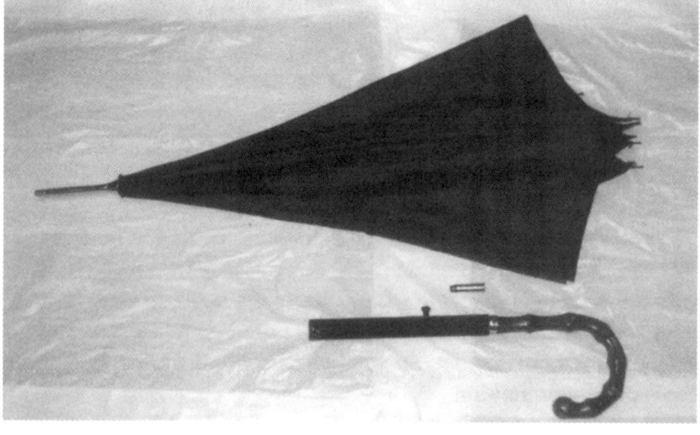

Schrotflinte in der Lenkradsperre

Lenkradsperren sind im Kfz-Bereich nichts Ungewöhnliches, sodass niemand auf die Idee kommt, eine Lenkradsperre einer Kontrolle zu unterziehen. Darin kann sich aber eine echte Schrotflinte verbergen. Die Waffe, welche mit Schrotmunition vom Kaliber 20 geladen wird, ist in **Abb. 21** zu sehen. Die Flinte ist mit einem Schlagzünder ausgerüstet. Die tödliche Wirkung ist bis auf eine Entfernung von 5 m sichergestellt. Jedenfalls haben das US-Polizisten immer wieder bestätigt. Die meisten sichergestellten Exemplare sind ganz offensichtlich Marke Eigenbau. Laut Aussage einschlägiger Kreise soll es auch kommerziell hergestellte Lenkradsperren-Waffen geben.

Abb. 21
Schrotflinte in der Lenkradsperre

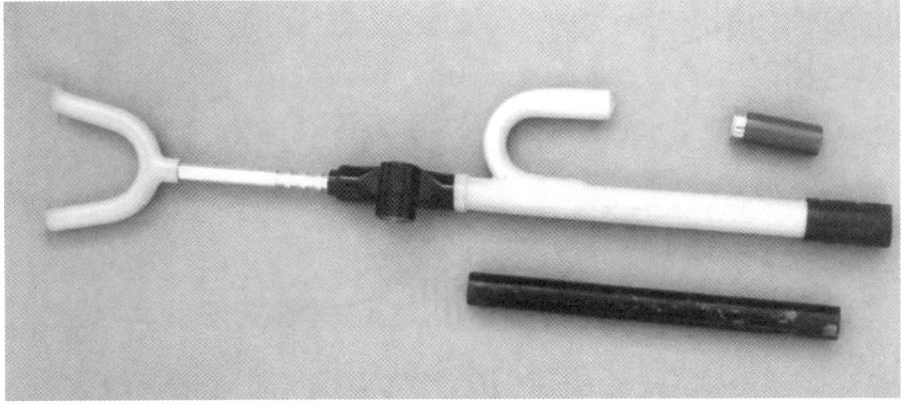

Blumenstrauß-Dolch

Seit vielen Jahrhunderten haben Meuchelmörder ihre mörderischen Absichten mit Blumensträußen getarnt. In **Abb. 22** ist ein harmloser Blumenstrauß zu sehen, der sich nach Beseitigung des Einwickelpapiers in ein gefährliches Mordwerkzeug entsprechend **Abb. 23** verwandelt.

Bei Verwendung von dünnem Seidenpapier muss die Tarnung nicht mal beseitigt werden, da die 20-cm-Klinge das Papier leicht durchtrennt. Dass sich der Angreifer seinem Opfer sehr dicht nähern kann, stellt eine große Gefahr dar.

Abb. 22
Harmloser Blumenstrauß als gefährliche Waffe

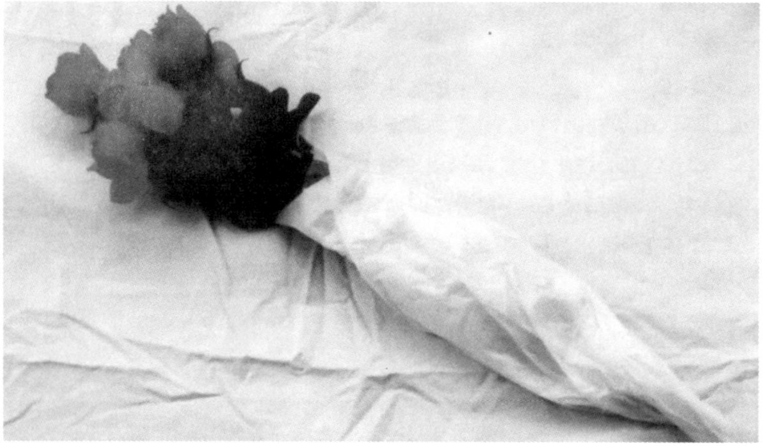

Abb. 23
Blumenstrauß ohne Tarnung

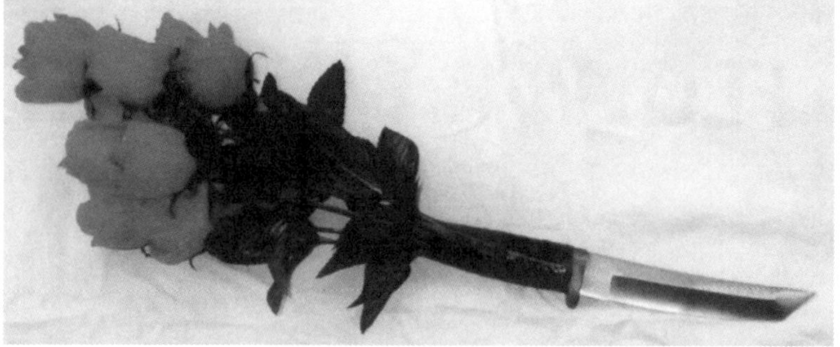

Rasierklinge im Kaugummipapier

Getarnte Waffen müssen nicht immer raffiniert und kompliziert sein. Sie müssen lediglich so konstruiert sein, dass sie den zufälligen Betrachter täuschen und bis zum Zeitpunkt ihres Einsatzes verborgen bleiben.

Falls ein potenzieller Täter nicht die Mittel besitzt, um eine zum Kauf angebotene getarnte Waffe zu kaufen oder anderweitig zu erwerben, kann er einfach seine eigene Waffe herstellen. Manchmal werden intelligente Ideen ohne großen Aufwand in eine tödliche Realität verwandelt.

In **Abb. 24** ist ein typisches Beispiel einer im Kaugummipapier versteckten Rasierklinge zu sehen. Die Waffe kann unauffällig in einem geöffneten Kaugummipäckchen zwischen den anderen Kaugummistreifen versteckt werden. Durch den abschirmenden Einfluss des Silberpapiers kann es durchaus sein, dass nicht einmal das Röntgengerät eines Flughafens Alarm gibt. Für Polizisten kann es lebensrettend sein, wenn sie jedes Stück der persönlichen Gegenstände eines Verdächtigen einer sorgfältigen Kontrolle unterziehen.

Abb. 24
Rasierklinge im Kaugummi-Päckchen

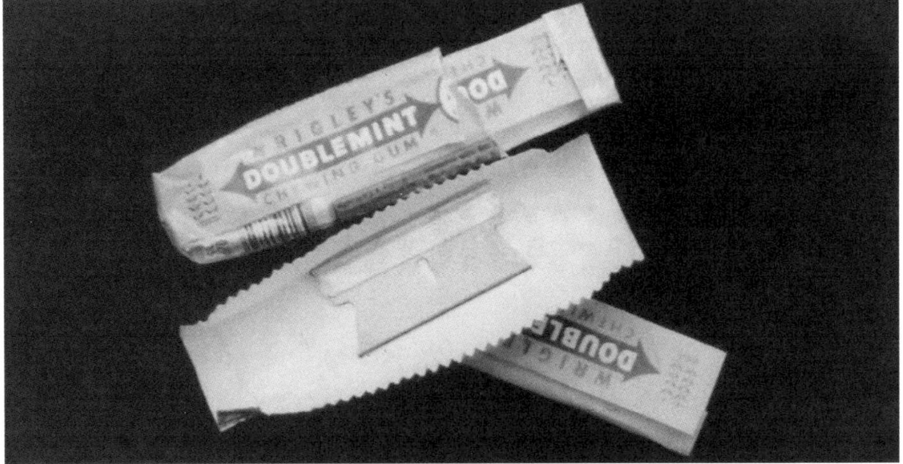

Regenschirm-Dolch

Abb. 25 zeigt einen ganz normalen zusammenschiebbaren Regenschirm, der wegen seiner handlichen Größe ein beliebter Alltagsgegenstand ist. Im Gegensatz zu seiner Originalausführung aus dem Kaufhaus enthält dieser Schirm entsprechend **Abb. 26** eine 25 cm lange Klinge in seinem Innern. Die aus hochwertigem, bruchsicherem Stahl bestehende Klinge kann sogar einen Wintermantel leicht durchdringen. Der Regenschirm-Dolch kann in den USA für schlappe 50,00 $ offen im Einzelhandel erworben werden. In Deutschland sind alle getarnten Waffen streng verboten. Es gilt wieder die leicht zu merkende Regel: „Es ist alles verboten, was nicht ausdrücklich erlaubt ist!“ Da der Dolch nur mit der richtigen Dreh- und Ziehbewegung zum Vorschein kommt, könnte diese Waffe selbst nach einer gründlichen Untersuchung für einen normalen Regenschirm gehalten werden. Unabhängig davon, ob sich der Regenschirm-Dolch im Kfz-Handschuhfach, in einer Aktentasche oder unter dem Arm befindet, er würde wahrscheinlich nur durch die wachsamsten Sicherheitsbeamten entdeckt werden.

Abb. 25
Zusammenschiebbarer Regenschirm

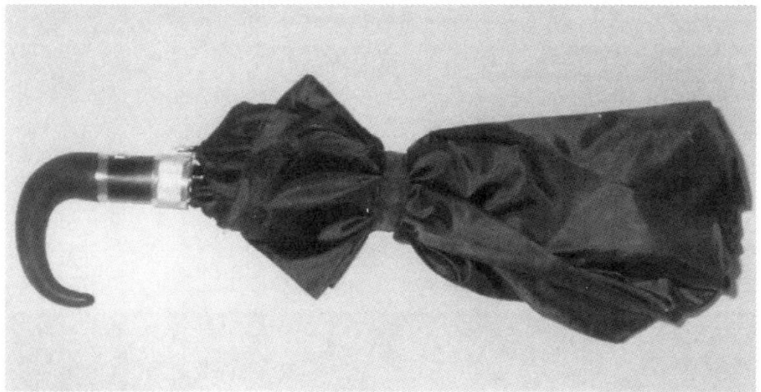

Abb. 26
Innenleben des Regenschirms

Luftdruck- und Federkraft-Waffen

Es gehört nicht viel Fantasie und technisches Geschick dazu, eine subkutane Injektionsspritze so zu modifizieren, dass sie wie eine Art Füllfederhalter entsprechend **Abb. 27** aussieht. Die Fingerflansche müssen entfernt, die Injektionsnadel gekürzt und die gesamte Hülse schwarz lackiert werden. Ein Metallansteckclip und eine Schutzkappe komplettieren das Erscheinungsbild. Die Füllung der Spritze hängt vom Anwender ab. In Geheimdienstkreisen gibt es einige populäre Beispiele wie etwa Heroin, Kokain, Methadon, HIV-Blut sowie Säuren, Alkalien, Insektizide und Hornissengift. Bei einem freiwilligen Test unter Polizeischülern wurde diesen angekündigt, dass sie im Verlauf des Schultages mit einer Spritzennadel gestochen werden. Mehr als drei Viertel aller Schüler bemerkten es gar nicht, dass sie gestochen wurden.

Abb. 27
Als Füllfederhalter getarnte Injektionsspritze

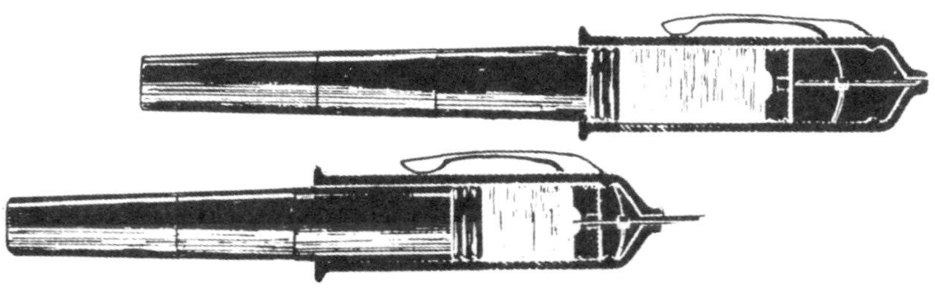

Abb. 28
Gift-Kugelschreiber

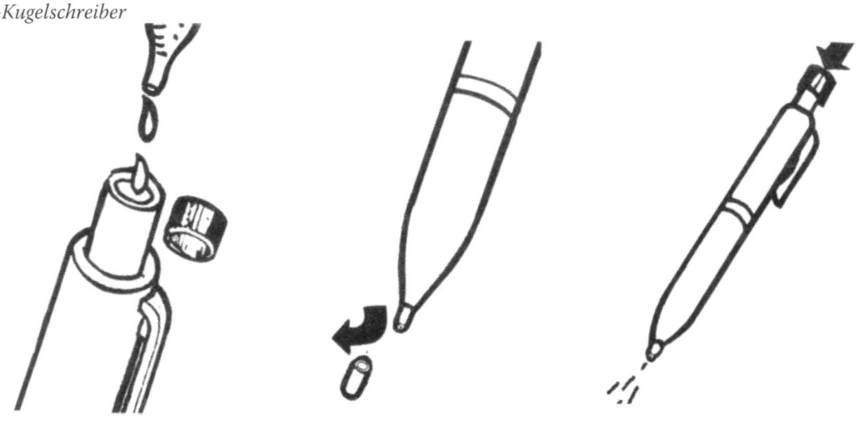

Manche moderne Füllfederhalter können so manipuliert werden, dass eine raffinierte Injektionswaffe daraus entsteht.

Im verdeckten Kampf der Geheimdienste kommt auch eine Art modifizierter Wasserpistolen zum Einsatz. Diese werden mit Säuren, Laugen, Bleichmitteln oder anderen Hautgiften gefüllt. Andere Ladungen bestehen zum Beispiel aus Kobra-Gift, mit dem auf Augen, Nase und Mund gezielt wird. Ein Filzstift der CIA enthält angeblich das Gift der südafrikanischen Baumschlange und ein durch die Haut absorbierbares Lösungsmittel wie zum Beispiel Dimethylsulfoxid. Das Gift dringt dann durch die nackte Haut in den Körper des Opfers ein. **Abb. 28** zeigt, wie ein Spezialkugelschreiber mit Gift aufgefüllt, die vordere Nadelschutzkappe abgenommen und durch Druck auf den hinteren Knopf die Injektion ausgelöst wird.

Ein Mister X aus den USA konstruierte im Zweiten Weltkrieg eine Art Miniaturluftpistole. In **Abb. 29** sind der Erfinder und innerhalb des Kreises seine Geheimwaffe zu sehen. Eine vergrößerte Darstellung findet sich in **Abb. 30**, während das Innenleben aus **Abb. 31** hervorgeht. Der kleine Pfeil dringt fast unmerklich in den Körper des Opfers ein. **Abb. 32** zeigt die Revolverausführung der Waffe, die imstande ist, mehrere Pfeile hintereinander zu verschießen. Als Munition wurden Grammofon-Nadeln verwendet.

Abb. 29
Mister X mit seiner Mini-Luftpistole (innerhalb des Kreises)

Abb. 30
Vergrösserte Darstellung der Mini-Luftpistole

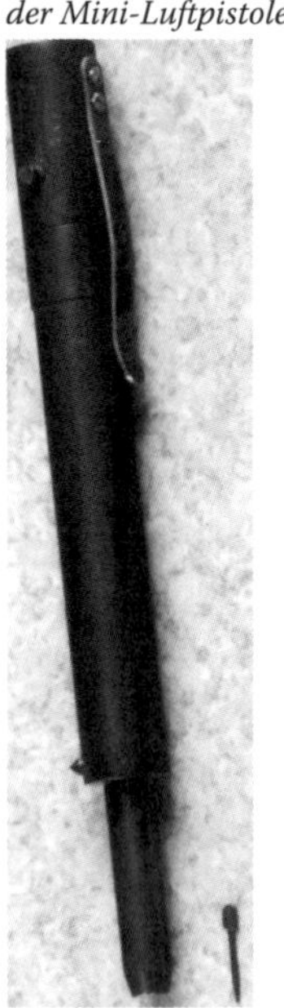

Abb. 31
Innenleben der Mini-Luftpistole

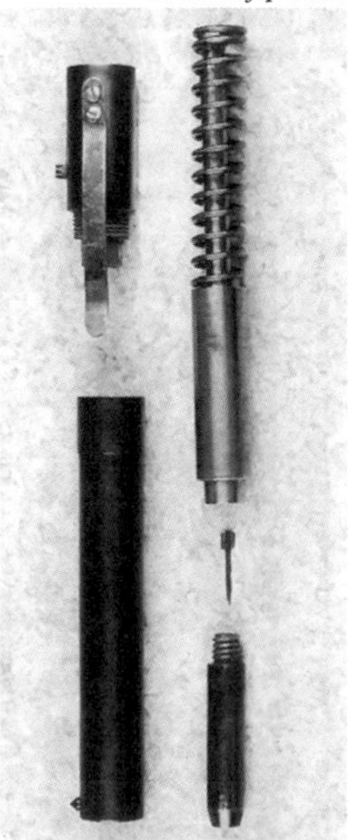

Die in **Abb. 33** gezeigte Waffe wurde von einem Gefängnisinsassen entwickelt. Der Pfeil bestand aus einem halben Dutzend Kugelschreiberstiften, die an den Übergangsstellen zusammengeschmolzen waren. Als Pfeilspitze diente eine normale Kugelschreibermine.

Auch die bei Dia-Shows beliebten ausziehbaren Stiftzeiger entsprechend **Abb. 34** können als Pfeile für ein Gummikatapult verwendet werden. Sie könnten mit dem dicken Ende zuerst verschossen werden, wobei der Metallclip als Haken an der Bogensehne eingesetzt wird. Das stumpfe Ende bekommt eine scharfe Pfeilspitze aufgesetzt. Mit Sekundenkleber könnten die Teleskopabschnitte dann arretiert werden.

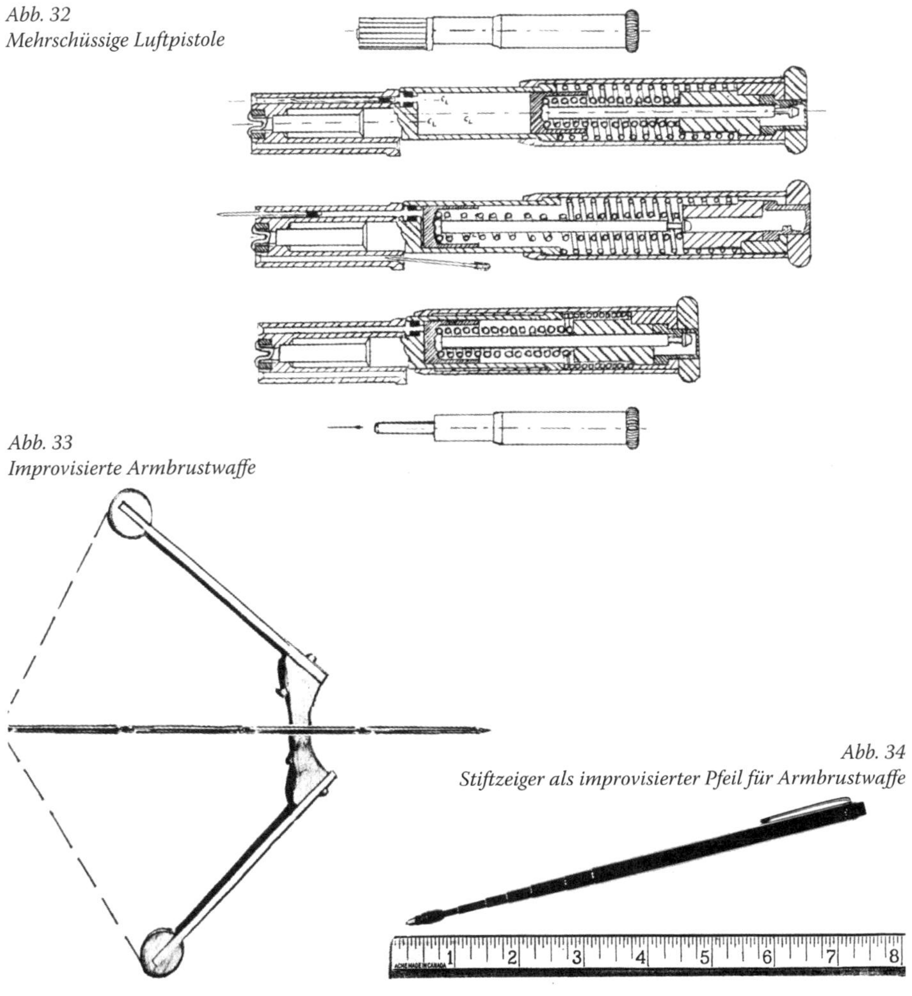

Abb. 32
Mehrschüssige Luftpistole

Abb. 33
Improvisierte Armbrustwaffe

Abb. 34
Stiftzeiger als improvisierter Pfeil für Armbrustwaffe

Signal-Zündhütchen-Pistole

Signal-Zündhütchen-Pistolen entsprechend **Abb. 35** werden gerne als Startpistolen bei Leichtathletikwettkämpfen sowie zum Verscheuchen von Straßenräubern und Hunden verwendet. Es können außerdem Leuchtraketen und Tränengaspatronen verschossen werden. Meistens versagen sie im entscheidenden Augenblick. Der Hauptgrund hierfür ist die Erstarrung bzw. Ermüdung der Schlagbolzenfeder. Die Federkraft lässt durch die lange Lagerung im zusammengedrückten Zustand nach und kann dann mit einem zu leichten Schlag auf den Patronenboden den Schuss nicht mehr auslösen.

Um das Versagensrisiko zu minimieren, muss jede Waffe sorgfältig gepflegt und regelmäßig ausprobiert werden. Unter Umständen wird es dann notwendig, eine stärkere Schlagfeder einzubauen oder eine andere Munition zu verwenden. Europäische 0.22-Patronen besitzen angeblich dünnere Patronenböden als Patronen aus den USA. Deshalb muss der Zündstift nicht so hart aufschlagen. Zur Not kann der Patronenboden mit einer feinen Feile oder mit Sandpapier mit gebührender Vorsicht etwas dünner gemacht werden. Auf diese Weise wird ein Versagen unwahrscheinlicher.

Ihren Namen hat die Signal-Zündhütchen-Pistole von den in der Abbildung links oben gezeigten Zündhütchen. In den USA werden Zündhütchen als Percussion Caps bezeichnet. Sie liefern die Initialzündung für andere Munitionsarten wie zum Beispiel Leuchtraketen.

Abb. 35
Signal-Zündhütchen-Pistole

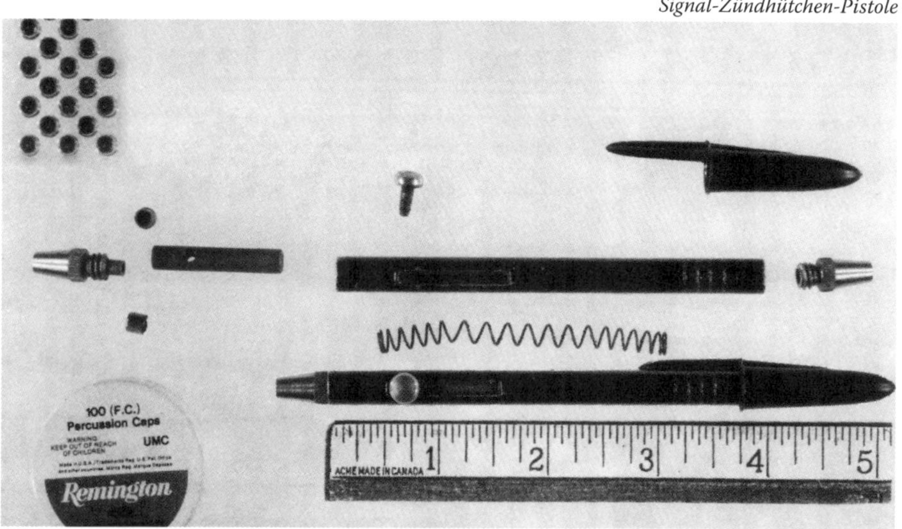

Knallkorken-Pistole

Knallkorken-Pistolen haben mehr einen historischen als einen praktischen Wert. In **Abb. 36** ist die Urform einer Knallkorken-Pistole aus dem Jahre 1890 zu sehen. Innerhalb des Korkens ist ein kleiner Explosiv-Einsatz. Durch Hervorschnellen einer Art Zündnadel wird dieser gezündet und treibt den Korken aus dem Rohr. Eine noch einfachere Version ist in **Abb. 37** dargestellt. Durch Ziehen und plötzliches Loslassen wird der Knallkorken gezündet und verlässt das Rohr. Diese Knallvorrichtungen waren unter dem Begriff „Knallfix" bekannt. Diese historischen Knallkörper-Pistolen waren die Vorläufer aller Schieß-Kugelschreiber. Die Skizze in **Abb. 38** verdeutlicht einen historischen Anwendungsfall zum Vertreiben streunender Hunde. Zum Abschluss zeigt **Abb. 39** noch eine originelle zwölfschüssige Knallkorken-Maschinenpistole.

Abb. 36
Historische Knallkorken-Pistole

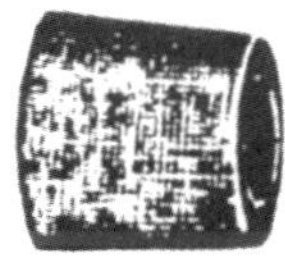

Abb. 37
Urform einer Knallkorken-Pistole

Abb. 38
Historischer Anwendungsfall

Abb. 39
Zwölfschüssige Knallkorken-MP

Hohlladungswaffen

Auf eine gewisse Weise ist eine Hohlladungswaffe physikalisch betrachtet eine Kuriosität. Die unter dem Begriff „Panzerfaust“ im Zweiten Weltkrieg bekannt gewordene Panzerabwehrwaffe hat sich im Krieg hervorragend bewährt. Der Begriff „Waffe“ ist allerdings insofern nicht richtig, als es sich um ein Gerät handelte, das Waffe und Munition in sich vereinigte. Die Panzerfaust war eigentlich nur Munition, denn das Rohr, das das Geschoss, die Treibladung, den Abfeuerungsmechanismus aufnahm und die Visiereinrichtung trug, war nach Gebrauch nicht wiederzuverwenden und wurde vom Schützen weggeworfen.

Das Neuartige an der Panzerfaust war, dass ein einzelner Mann imstande war, einen schweren Furcht einflößenden Kampfwagen mit einem einzigen Schuss zu vernichten. Dies konnte nur durch die Wirkungsweise der Hohlladung sichergestellt werden. **Abb. 40** verdeutlicht den prinzipiellen Aufbau eines Hohlladungsgeschosses. Zum Verständnis der Funktionsweise sei auf **Abb. 41** verwiesen. Wird ein 30 mm starker und 100 mm langer TNT-Zylinder mit einem Gewicht von etwa 100 g auf eine etwa 15 mm starke Eisenplatte gestellt und gezündet, so ist anschließend nur eine Einbuchtung von weniger als 4 mm zu sehen. Nimmt man nun einen zweiten TNT-Zylinder und höhlt dessen Boden mit dem Taschenmesser trichterförmig aus und wiederholt den Versuch, zeigt sich nach der Detonation ein Durchbruch. Und das, obwohl doch effektiv weniger Sprengstoff zur Detonation gebracht wurde als das erste Mal! Was ist geschehen? Die Detonationswellen und vor allen Dingen die Detonationsgase, die Energie des Sprengstoffs, wurden an der ausgehöhlten Stelle des TNT-Zylinders wie durch einen Hohlspiegel gebündelt und brachten diese Wirkung hervor. Dieser Vorgang ist der gleiche wie wenn parallel in einen Parabolspiegel einfallende Lichtstrahlen durch einen Brennpunkt konzentriert werden, wobei sie ja auch eine starke Erhöhung ihrer Intensität erfahren. Während des letzten Krieges wurden Hohlladungen erstmalig bei der Einnahme des belgischen Forts Eben Emael

Abb. 40
Aufbau einer Hohlladung

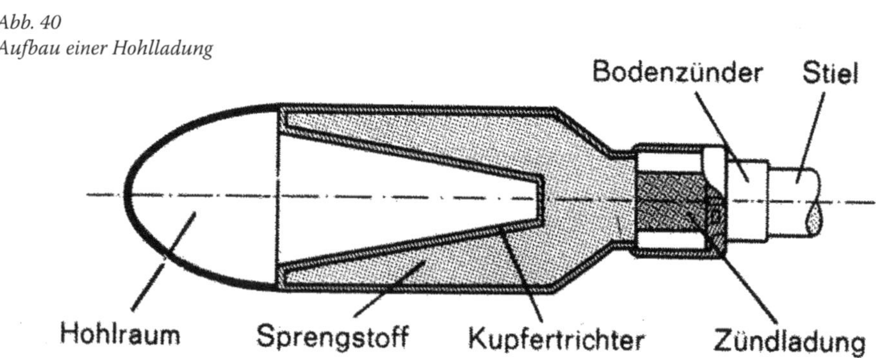

verwendet. Die Hohlladungen wurden von Fallschirmtruppen auf die bis zu 40 cm starken Panzertürme aufgesetzt und durchschlugen die Panzerung. Das Sprengstoffgewicht betrug dabei 50 kg.

Das Hohlladungsgeschoss der Panzerfaust verfügte entsprechend **Abb. 42** meist über zwei Zündladungen mit einem Kopf- und einem Bodenzünder.
Aus **Abb. 43** ist das Verhalten der Hohlladung beim Panzerungsdurchbruch zu sehen. Das zweite Teilbild von oben zeigt die Hohlladung vor der Detonation. Im folgenden Teilbild ist das Auftreffen des Strahls auf die Panzerplatte zu sehen. Im unteren Bildausschnitt ist die Platte durchschlagen. Die nicht in den Strahl übergegangenen Einlageteile der Hohlladungsauskleidung bilden den sogenannten Stößel.

Abb. 41
Funktion einer Hohlladung

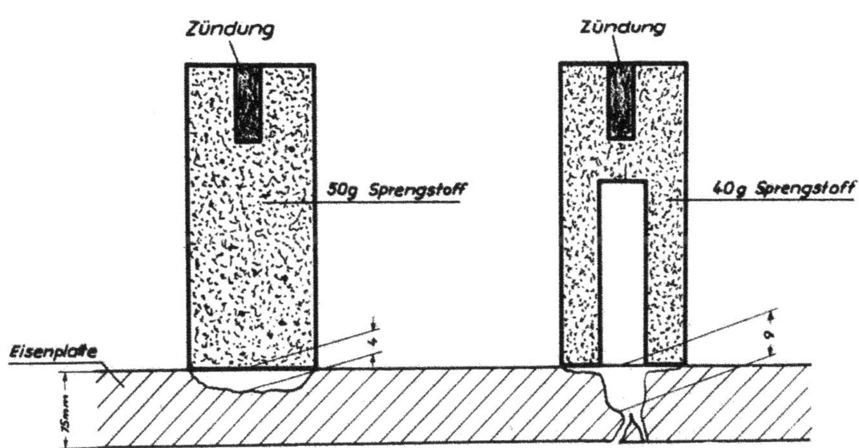

Abb. 42
Panzerfaust mit Doppelzünder

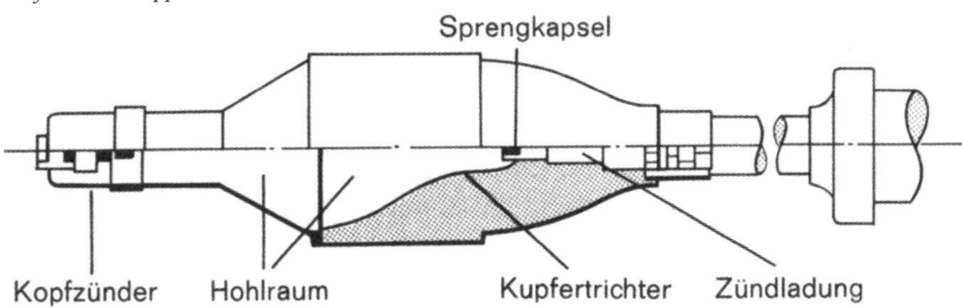

Der auf die Panzerplatte auftreffende Strahl spült aufgrund seiner kinetischen Energie ein Loch aus, wie es ein scharfer Wasserstrahl im lehmigen Boden tut. Beim Auftreffen des Strahls entsteht ein Staudruck in der Größenordnung von 10 Millionen kp/cm2. Um die Auftreffstelle wird das Plattenmaterial plastisch und verhält sich wie eine Flüssigkeit.

Ist die Panzerung durchschlagen, dann dringen die restlichen Strahlteile und die nachfolgenden heißen Gase unter hohem Druck in den Panzer ein und entfalten dort ihre tödliche Wirkung. Der dem Strahl nachfolgende Stößel hat keinen Einfluss auf die Wirkung der Hohlladung, sondern fällt entweder an der Panzerplatte herunter oder bleibt in der entstandenen Bohrung stecken.

Zusammenfassend kann festgestellt werden, dass der Hohlladungseffekt die Konzentration eines Teils der Sprengstoffenergie in einem ausgerichteten Strahl geringen Querschnitts und hoher Dichte ist. Für die Durchschlagsleistung einer Hohlsprengladung spielen die Härte und Festigkeit des Plattenmaterials keine Rolle, sondern nur die Materialdichte.

Abb. 43
Verlauf des Panzerdurchbruchs

(a)

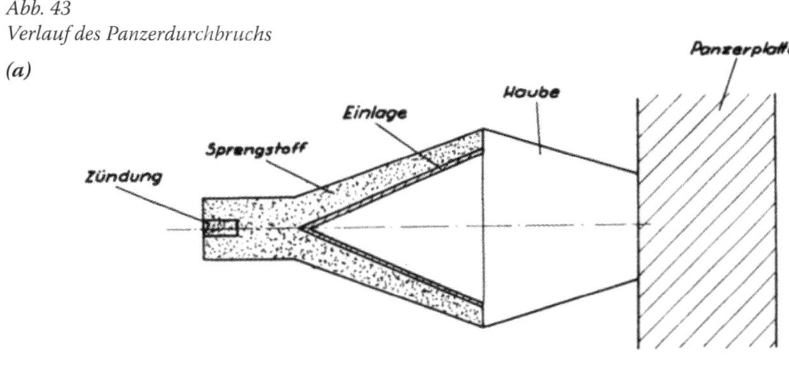

(b)

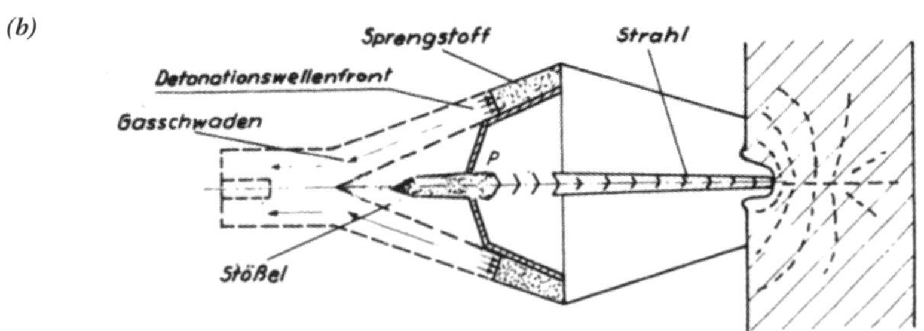

(c)

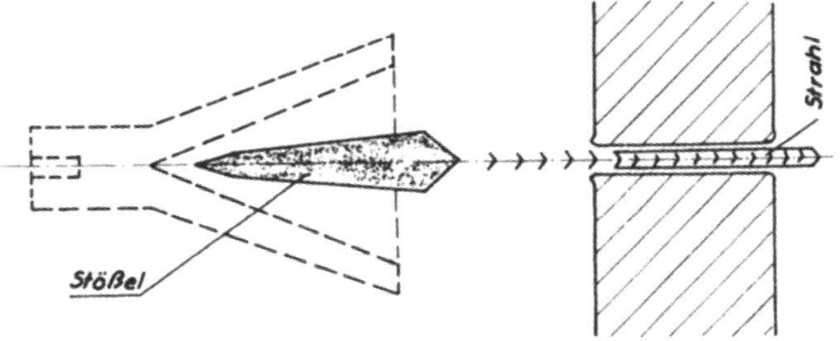

In **Abb. 44** sind Hohlladungsdurchschläge an einer Panzerung zu sehen.
In **Abb. 45** werden drei Stößel gezeigt.

Abb. 44
Hohlladungsduchschläge an einer Panzerung

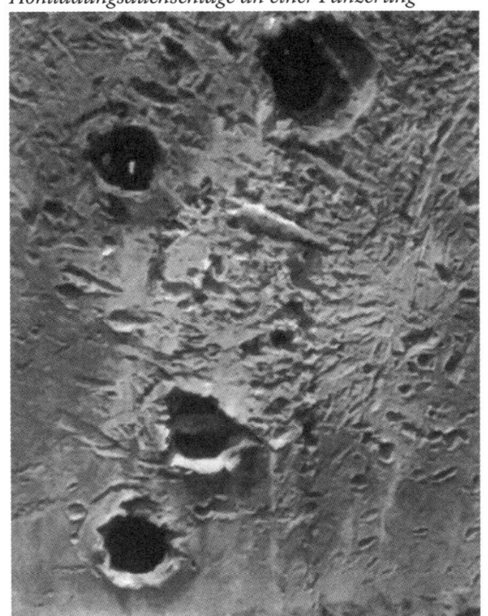

Abb. 45
Stößel

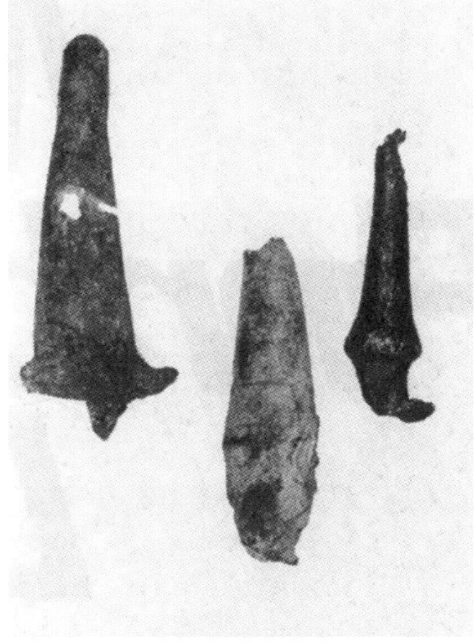

OSS-High-Standard-Pistole

Die schallgedämpfte Waffe des Office of Strategic Services, des Vorläufers der CIA, wurde während des Zweiten Weltkriegs entwickelt. Sie wird in **Abb. 46** gezeigt. Die Schalldämpfung der Pistole erfolgt nach dem Absorptionsprinzip.

Bei der Abgabe eines Schusses entsteht bekanntlich ein großer Gasdruck mit hoher Temperatur. Bei besagtem Prinzip wird der Druck schon durch eine Abkühlung der heißen Gase reduziert. Messungen haben ergeben, dass bereits durch die Wärmeabsorption eine Dämpfung des Spitzenpegels von –6 dB Max erreicht wird. Der Lauf der High Standard wurde auf ein Minimum abgedreht, um eine bessere Wärmeabstrahlung welche wiederum zur oben erwähnten Schallreduzierung führt, zu erreichen. In diesen Speziallauf wurden vier Reihen von je elf Löchern mit 3,2 mm Durchmesser gebohrt. Durch diese Bohrungen wird das Ausströmen der Gase ermöglicht, während das Projektil den Lauf durcheilt und somit auf Unterschallgeschwindigkeit reduziert wird. Durch die Laufanbohrungen wird der Höchstdruck einer 0.22-lfb.-Patrone von 1.800 bar auf einen minimalen Druck reduziert. Die V_0 der 0.22-lfb.-Patrone liegt dann bei ca. 274 m/s.

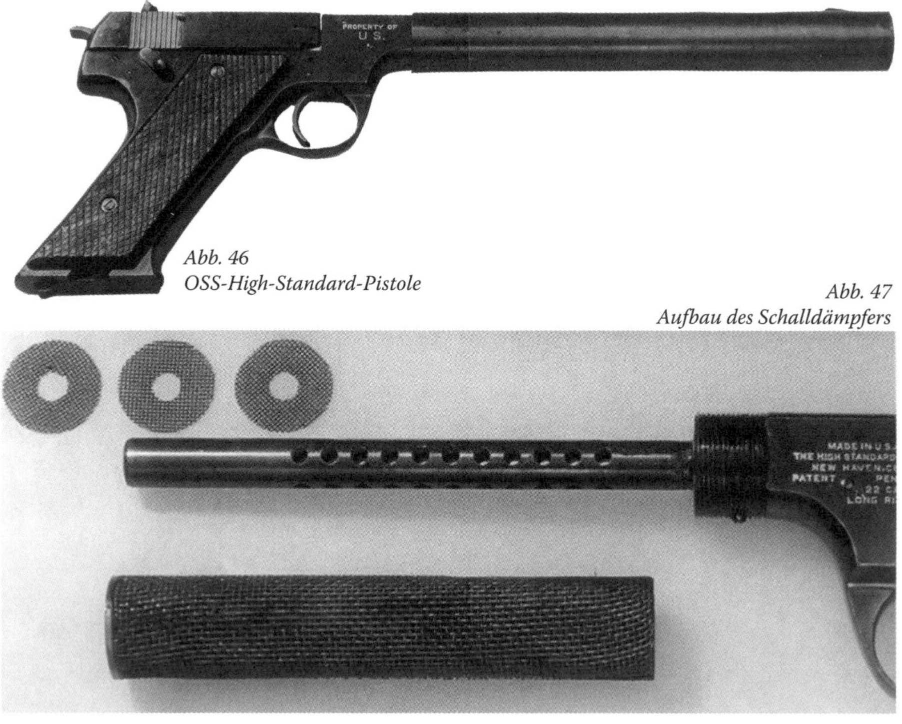

Abb. 46
OSS-High-Standard-Pistole

Abb. 47
Aufbau des Schalldämpfers

Gegenüber der High Standard ohne Schalldämpfer, deren Lautstärke bei Schussabgabe ca. 136 dB beträgt, liegt der Geräuschpegel der OSS-Waffe bei ca. 113 dB. Durch das Dämpfungsprinzip wurde also eine Minderung von –23 dB erreicht. Der Lauf ist mit einem eng gerollten Messingdrahtgitter umwickelt. Vor dem Lauf befinden sich auf einer Länge von 5 cm zusammengepresste Messingdrahtgitterscheiben. Bei Schussabgabe gelangt die Hauptmasse der Antriebsgase durch die Ableitlöcher in die Dämpfungskammer. **Abb. 47** zeigt den mit 44 Bohrungen versehenen Lauf und die aufgewickelte Messingrolle des Schalldämpfers. Die Pistole verschießt das Kaliber 0.22 lfb. Doch wie wirkt eigentlich ein Schalldämpfer?

Beim Schuss treten, für das Ohr nicht zu unterscheiden, zwei Geräusche auf:

1. Der Überschallknall
Wenn man „normale" Überschallmunition verwendet (V_O > 333 m/s), so kommt es, wenn ein Geschoss mit Überschallgeschwindigkeit den Lauf verlässt, durch die zu einer Wellenfront komprimierte Luft zum Überschallknall, analog zu einem die Schallmauer durchbrechenden Flugzeug. Bei Verwendung von Unterschallmunition (Subsonic) tritt dieser nicht auf. Wird in einer Waffe Munition verwendet, deren V_O im Überschallbereich liegt, so verliert diese durch Bohrungen im Lauf so viel Druck, dass ein Geschoss den Lauf nur mit Unterschallgeschwindigkeit verlässt. Da somit kein Überschallknall entsteht, muss nur der Mündungsknall gedämpft werden.

2. Der Mündungsknall
Durch die explosionsartige Verbrennung der Gase und die plötzliche Ausdehnung der heißen Gase entsteht unmittelbar vor der Mündung der Schuss- oder Mündungsknall. Dieser wird durch Abkühlung und Auffangen oder Verwirbelung der Gase im Dämpfer reduziert und verändert. Oft wird jedoch vergessen, dass insbesondere der Repetiervorgang deutliche Geräusche macht, was in den einschlägigen Filmen jedoch gerne vergessen wird.

Der Mündungsknall entspricht in seiner Geräuschentwicklung in etwa der Lautstärke, welche beim Abschuss einer einfachen Luftdruckwaffe entsteht. Allerdings ist das Geräusch so „entstellt", dass es nicht sofort als Schuss identifiziert wird und damit seinen Zweck erfüllt. Somit ist das „Plopp-Plopp" der Filmschalldämpfer in das Reich der Fabeln zu verweisen.

Anti-Selbstmörder-Waffe

Die Anwendung einer EMP-Waffe zur Abwehr von Selbstmörderangriffen wird in **Abb. 48** gezeigt. Durch Bestrahlung eines potenziellen Selbstmörders mittels eines elektromagnetischen Impulses (EMP = Electromagnetic Pulse) wird der Sprengstoffgürtel schon vorzeitig zur Explosion gebracht. Wer sich näher mit EMP-Generatoren auseinandersetzen will, sei auf das Buch „Neue Experimente mit EMPs, Mikro- und Teslawellen" verwiesen (Franzis'-Verlag, ISBN 3-7723-4214-0).

In **Abb. 49** macht der Experimentator seinen EMP-Generator feuerbereit. Die elektromagnetische Strahlung induziert in den Zündleitungen des Sprengstoffgürtels die erforderliche Zündenergie. Wie in **Abb. 50** zu sehen ist, fliegt der Dummy in die Luft.

Abb. 48
EMP-Waffe zur Abwehr von Selbstmörder-Anschlägen

Abb. 49
Feuerbereite EMP-Waffe

Abb. 50
Der Dummy fliegt in die Luft

Handfeuerwaffen-Detektor

Die Detektor-Technologie ist heute bereits so weit, dass am Körper versteckte Handfeuerwaffen einschließlich Messer auch auf größere Entfernungen aufgespürt werden können. In den USA wurde ein Waffen-Detektor entwickelt, der elektromagnetische Wellen im Submillimeter-Bereich registrieren kann. Der menschliche Körper strahlt in diesem Bereich im Gegensatz zu Metallen große Mengen von Energie ab. Während die warmen, menschlichen Partien von der Kamera hell leuchtend wiedergegeben werden, erscheinen alle anderen Materialien extrem dunkel. Das Gerät soll dazu dienen, die Besucher eines Gebäudes beim Betreten unbemerkt zu kontrollieren. Der Hersteller arbeitet aber auch an kleineren Versionen, die auf Streifenwagen der Polizei montiert werden können. In **Abb. 51** zeigt einen zunächst unverdächtig aussehender Mann. In **Abb. 52** offenbart er sein Innenleben.

Abb. 51
Unverdächtig aussehender Mann

Abb. 52
Versteckte Waffen

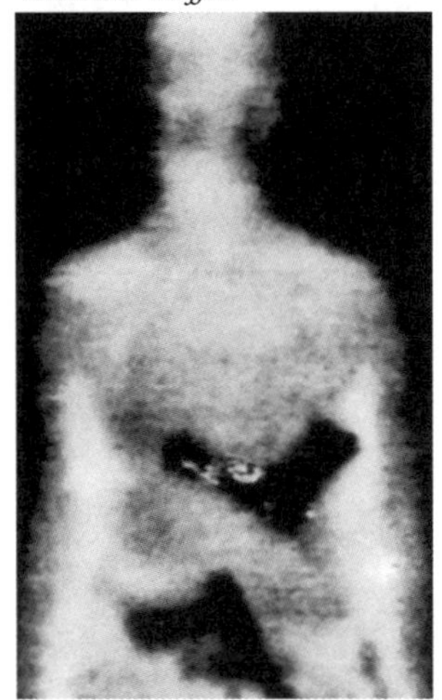

Unterwasser-Pistole

In der Reihe waffentechnischer Kuriositäten darf auch eine Unterwasser-Pistole nicht fehlen. In **Abb. 53** wird eine moderne Version für Kampfschwimmereinsätze gezeigt. Die beweglichen Teile sind auf ein Minimum reduziert, wobei auch auf den Repetiervorgang verzichtet wurde. Die Waffe verfügt über fünf Läufe im Kaliber 7.62 x 62. Um ein Eindringen von Wasser zu verhindern, sind die Läufe mit Plastikkappen wasserdicht verschlossen. Die separaten Läufe werden elektrisch nacheinander gezündet. Die Reichweite der Pfeilgeschosse beträgt unter Wasser 15 m. Angeblich können im Wasser auf kurze Distanz 1 cm dicke Stahlplatten durchschlagen werden.

Abb. 53
Unterwasser-Pistole

Schallgedämpfte Makarow-Pistole

Eine russische Entwicklung einer schallgedämpften Pistole aus der Zeit des Kalten Krieges ist in **Abb. 54** zu sehen. Durch den integrierten Schalldämpfer wird das 9-mm-Geschoss auf Unterschallgeschwindigkeit abgebremst. Durch den Aufbau des Schalldämpfers wird auch der Mündungsknall wirksam gedämpft. Bei der gefühlsmäßigen Einschätzung der Lautstärke ist die Pistole mit einer Luftdruck- oder CO_2-Pistole vergleichbar. Das entstehende Geräusch kann von waffentechnischen Laien nicht unmittelbar als Schuss gedeutet werden. Auf 20 m Entfernung ist die Lautstärke mit normalem Straßenverkehr vergleichbar. Jedenfalls ist die Dämpfungswirkung stark genug, dass ein KGB-Agent nach erfülltem Auftrag gute Chancen hatte, unauffällig abzutauchen. In **Abb. 55** wird ein Größenvergleich zu einer normalen Makarow-Pistole gezeigt. **Abb. 56** gestattet einen Blick ins Innere des Schalldämpfers.

Abb. 54
Schallgedämpfte Makarow-Pistole

Abb. 55
Grössenvergleich zur normalen Makarow-Pistole

Abb. 56
Blick ins Innere des Schalldämpfers

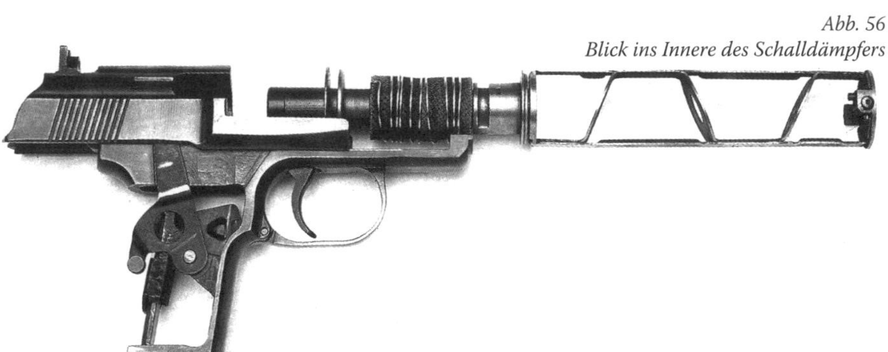

Handy-Pistole

Natürlich kann auch ein Handy als Deckmantel für eine gefährliche Waffe Verwendung finden. In **Abb. 57** wird ein Handy-Modell und in **Abb. 58** ein reales Handy inklusive 0.22-lfB-Munition gezeigt. Die Handy-Pistole hat vier Läufe und vier Schlagbolzen. Mit den Ziffern fünf bis acht wird der jeweilige Zündmechanismus ausgelöst. Die Geräte stammen angeblich aus Ex-Jugoslawien. Als Gehäuse dient ein ausgeschlachtetes Spielzeug-Handy. Gewichtsmäßig fällt natürlich auf, dass es sich um kein normales Handy handelt. Was wie ein Antennenstummel aussieht, ist der vierte der insgesamt vier Läufe.

Abb. 57
Modell einer Handy-Pistole

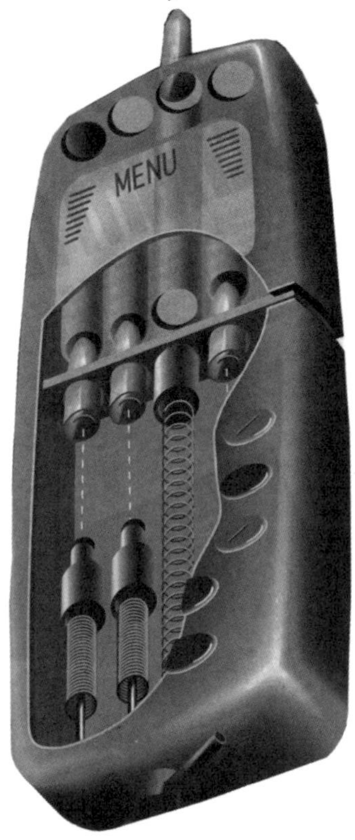

Abb. 58
Handy-Pistole mit 0.22 - Munition

Pfeil- und Nadelgeschosse

Moderne Pfeilgeschosse durchschlagen so gut wie alles, was der heutige Soldat zu seinem Schutz trägt. Stahlhelm und Schutzweste sind passé. Pfeil- oder Nadelgeschosse sind so alt wie die Feuerwaffen selbst. Bereits aus den ersten Pulvergeschützen wurden Pfeile verschossen, danach erst folgten Steine oder Kugeln. Um 1600 wurden dann durchweg Bleirundkugeln aus den Handfeuerwaffen verschossen. In den 30er-Jahren wurden für die Ferngeschütze die Peenemünder- und die Röchling-Pfeilgeschosse entwickelt. Der Erfolg damit – die Reichweiten konnten deutlich über 100 km gesteigert werden – führte zur Idee, solche Projektile auch bei Handfeuerwaffen zu verwenden.

Abb. 59
Pfeilgeschosse der Fa. Steyr

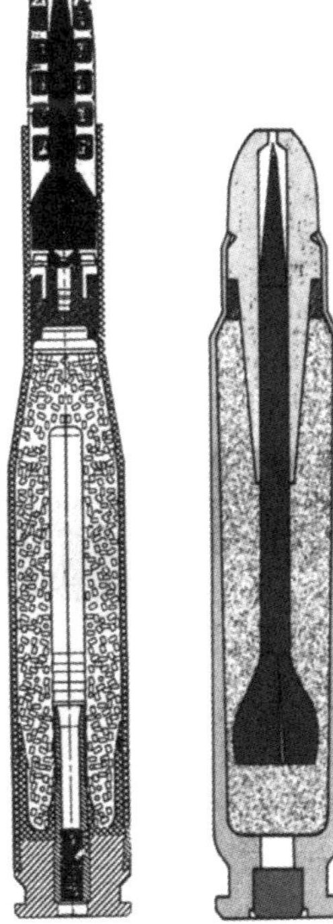

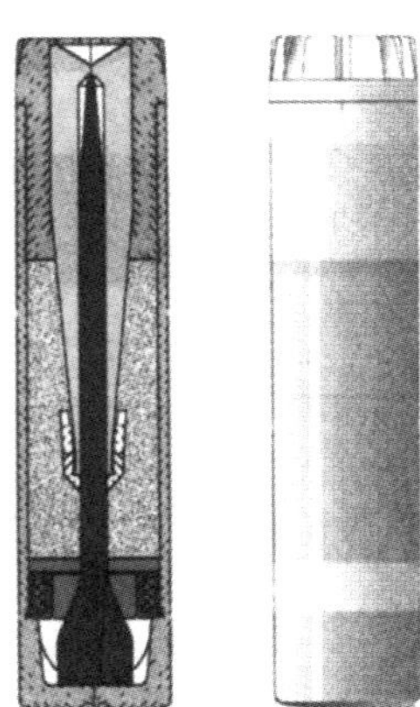

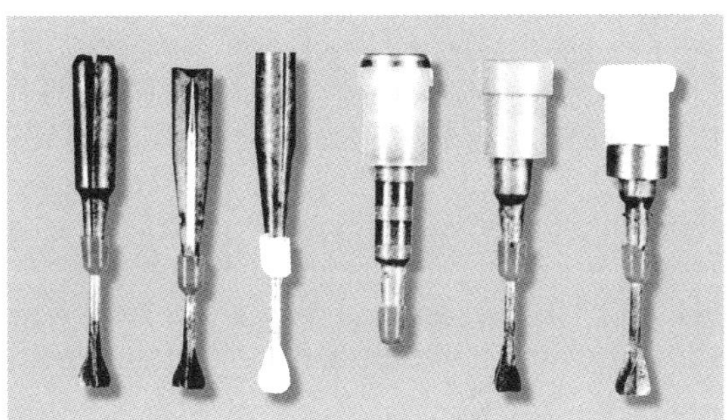

Abb. 60
Verschiedene Treibkäfige

Der Pfeil wird beim Abschuss an der Pfeilspitze mit einem mehrteiligen Treibspiegel geführt. Durch die hohe Geschwindigkeit von etwa 1.500 m/s können Schutzwesten und Stahlhelme aus 700 m Entfernung mühelos durchschlagen werden. Durch die mangelnde Treffsicherheit verloren die Militärs das Interesse an den superschnellen Pfeilen. Die österreichische Firma Steyr nahm in den 80er-Jahren die Entwicklungsarbeiten wieder auf. Bei dieser Firma hatte man zuvor an der hülsenlosen Munition gearbeitet. Für das ACR-Steyr-Gewehr (ACR = Advanced Combat Rifle) entstand schließlich eine neue Kunststoffpatrone mit Pfeilgeschoss, Treibkäfig und Ringzünder. Diese sogenannte SCF-Patrone (SCF = Synthetic Cased Flechettes) wird durch einen seitlichen Schlag auf den Ringzünder gezündet. In **Abb. 59** wird eine Reihe von Pfeilgeschossen der Firma Steyr gezeigt.

Mit einem vergrößerten Wolfram-Pfeil sollen angeblich Panzerplatten von etwa 4 cm durchschlagen werden. Die überlange Patrone enthält einen 20 g schweren Wolfram-Pfeil, der auf ca. 1.500 m/s beschleunigt wird. Der Pfeil wird in einem Käfig geführt, während die Kraftübertragung über einen speziellen Treibspiegel erfolgt. In **Abb. 60** werden verschiedene SCF-Treibkäfige gezeigt. Beim zweiten Pfeil von links fehlt ein Treibspiegel, sodass das Pfeilvorderteil sichtbar ist.

In **Abb. 61** ist an dritter Stelle von links eine Röntgenaufnahme eines Pfeilgeschosses zu sehen. In **Abb. 62** wird ein Größenvergleich gängiger Militärpatronen gezeigt. Ganz links ist die NATO-Patrone 7.62 x 51 zu sehen. Dann folgt die Kalaschnikow-Patrone 5.56 x 45. Dann folgt ein Heckler & Koch-Prototyp im Kaliber 4.7 mm. Schließlich folgt eine hülsenlose Patrone von Steyr. Am Ende steht ein SCF-Pfeil inklusive Hülse. Der im Innern der Hülse enthaltene Pfeil wird ganz rechts außen gezeigt.

Abb. 61
Röntgenaufnahme eines Pfeilgeschosses

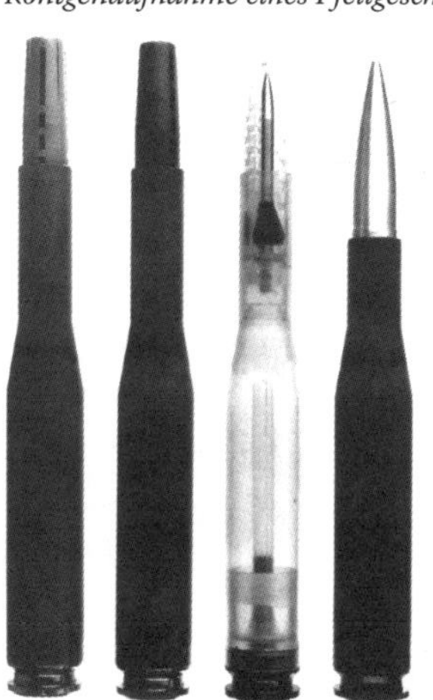

Abb. 62
Grössenvergleich gängiger Militärpatronen

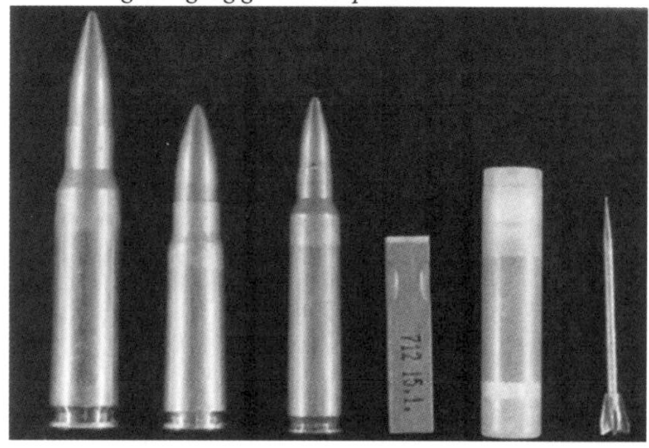

Pistole mit Laserzielgerät

In **Abb. 63** wird die aus Österreich stammende Glock-Pistole im Kaliber 9 mm mit 16 Schuss Magazinkapazität gezeigt. Sie zählt zu den modernsten Handfeuerwaffen des 21. Jahrhunderts. Sie ist mit einem leistungsstarken Laserzielgerät ausgerüstet. Der rote Laserpointer kann mittels einer pneumatischen Griffmanschette durch den Anpressdruck der Hand in Betrieb genommen werden.

Abb. 63
Glock-Pistole mit Laserzielgerät

IRA-Brandsatz mit Zeitzünder

In der Vergangenheit hat die Irisch-Republikanische Armee (IRA) mit Brandsätzen wie in **Abb. 64** dargestellt für die Vereinigung von Nordirland (eine britische Provinz) mit der Irischen Republik gekämpft. Rechts im Bild ist die elektronische Timerplatine zu sehen. Links im Bild ist im Hintergrund ein Plastikbeutel mit einem per Glühzünder zündbaren Thermit-Pulver untergebracht. Beim Abbrennen des Pulvers schmelzen die Plastikampullen. Das auslaufende Benzin wird entzündet und setzt die nähere Umgebung in Brand.

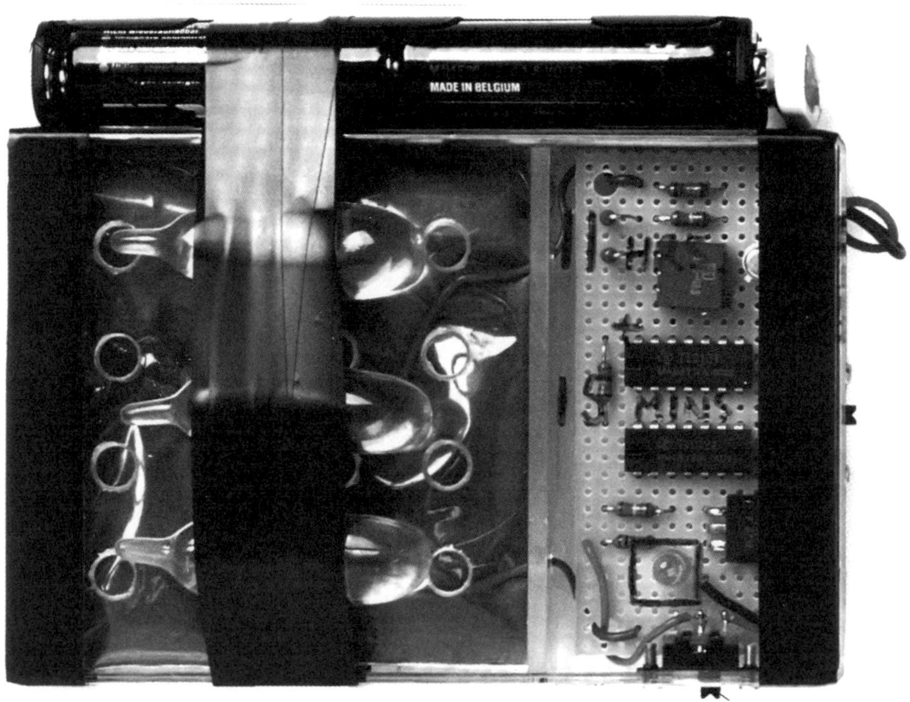

Abb. 64
IRA-Brandsatz mit elektronischem Zeitzünder

Akustische Kanone

Aus den USA kommt eine neue Superwaffe unter dem Begriff LRAD (Long Range Acoustic Device). Es handelt sich um eine Art Krachmaschine. Das Gerät ist etwa 20 kg schwer und ungefähr so groß wie eine Satellitenschüssel. Es sendet schmerzhaften Lärm bis zu 150 dB aus und zwar so gerichtet wie das Licht einer Taschenlampe. Im Irak sind bereits 300 LRADs im Einsatz. Mit den Lärmgeneratoren werden mitunter ganze Häuser auf akustische Weise geräumt.

Außerdem lässt sich das Gerät als Riesen-Megafon verwenden. Soldaten können damit laut und deutlich Autofahrer ansprechen, die noch bis zu 300 m von einer Straßensperre entfernt sind. **Abb. 65** zeigt das Gerät an Bord eines Schiffes. Im Ernstfall dient es dort zur Abwehr von Seeräubern. Die akustische Kanone soll ca. 30.000,00 $ kosten.

Abb. 65
Akustische Kanone an Bord eines Schiffes

Mikrowellen-Kanone

Abb. 66 zeigt einen umgebauten Mikrowellenofen. Der Kochraum inklusive Türe wurde komplett entfernt und durch eine Hornantenne ersetzt. Die Ankopplung soll angeblich keine Schwierigkeiten bereiten. In **Abb. 67** ist die Reichweite der Home-made-Mikrowellen-Kanone grafisch dargestellt. Da kann nur gebetet werden: Gott schütze uns vor bösen Nachbarn!

Abb. 66
Umgebauter Mikrowellenofen

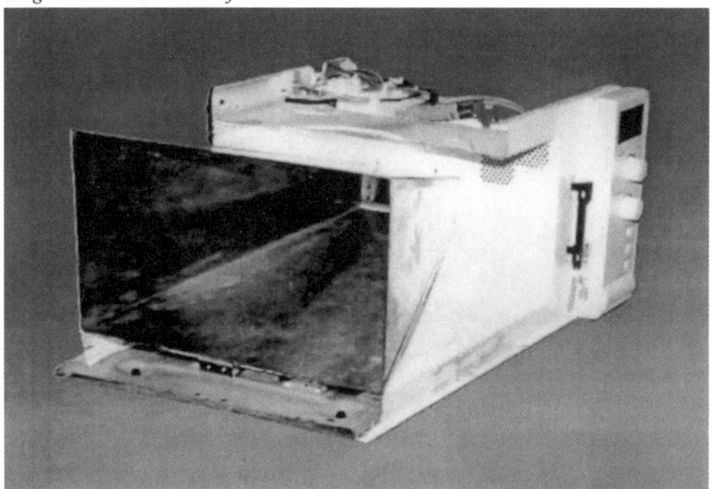

Abb. 67
Reichweite der Home-made-Mikrowellen-Kanone